BEI GRIN MACHT SICH IHR
WISSEN BEZAHLT

AF167178

- Wir veröffentlichen Ihre Hausarbeit,
  Bachelor- und Masterarbeit

- Ihr eigenes eBook und Buch -
  weltweit in allen wichtigen Shops

- Verdienen Sie an jedem Verkauf

Jetzt bei www.GRIN.com hochladen
und kostenlos publizieren

Permutationsgruppen und ihre Darstellungsmöglichkeiten

Ginette Fischer

Bibliografische Information der Deutschen Nationalbibliothek:

Die Deutsche Nationalbibliothek verzeichnet diese Publikation in der Deutschen Nationalbibliografie; detaillierte bibliografische Daten sind im Internet über http://dnb.d-nb.de abrufbar.

ISBN: 9783346279507
Dieses Buch ist auch als E-Book erhältlich.

© GRIN Publishing GmbH
Nymphenburger Straße 86
80636 München

Druck und Bindung: Books on Demand GmbH, Norderstedt Germany
Gedruckt auf säurefreiem Papier aus verantwortungsvollen Quellen

Das vorliegende Werk wurde sorgfältig erarbeitet. Dennoch übernehmen Autoren und Verlag für die Richtigkeit von Angaben, Hinweisen, Links und Ratschlägen sowie eventuelle Druckfehler keine Haftung.

Das Buch bei GRIN: https://www.hausarbeiten.de/document/945050

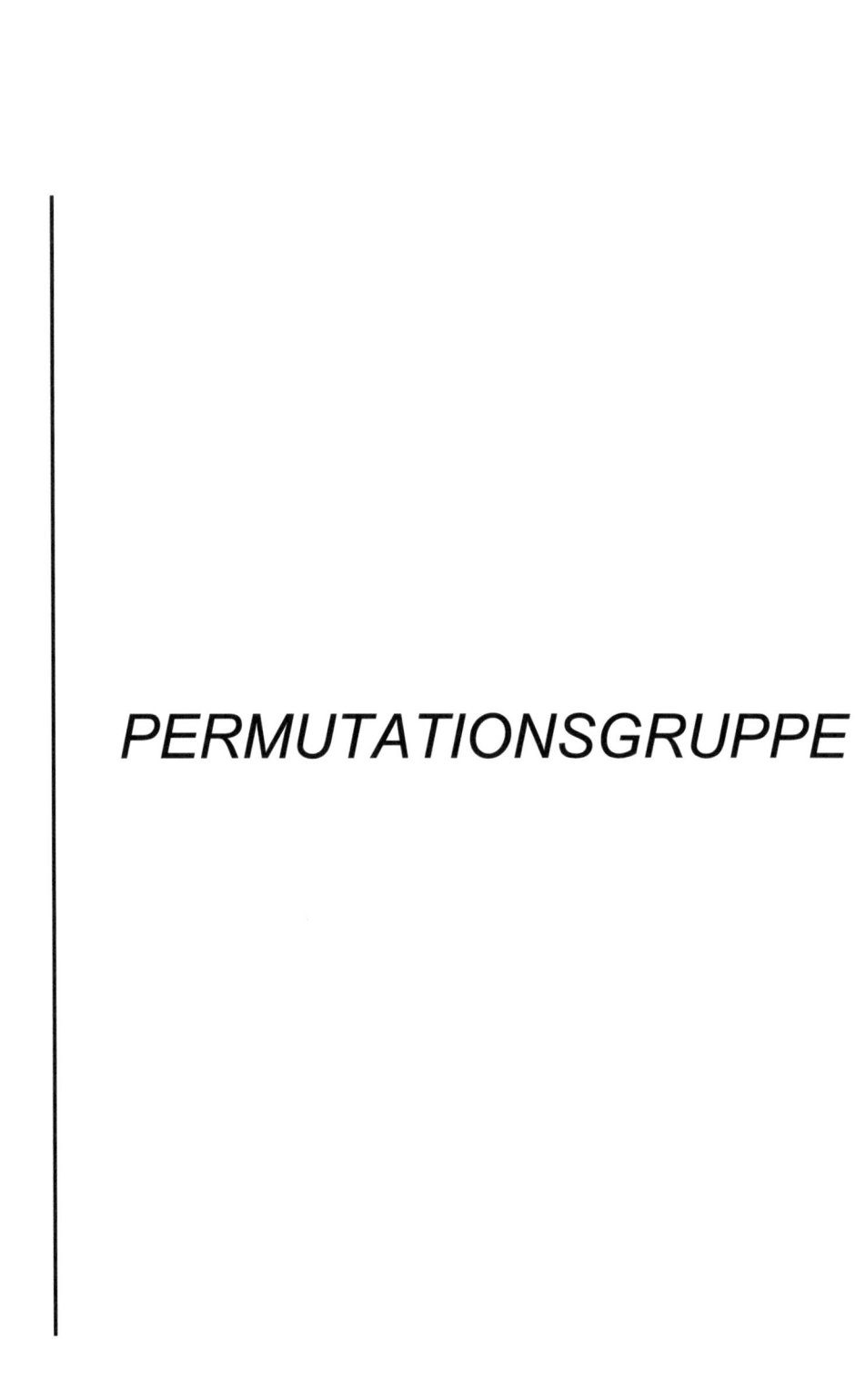

PERMUTATIONSGRUPPE

Inhaltsverzeichnis

Abbildungsverzeichnis II

1. Einleitung 3

2. Definitionen 4

   2.1 Allgemein *4*

   2.2 Definition durch eine Gruppenoperation *5*

   2.3 Definition durch einen Gruppenhomomorphismus *5*

   2.4 Isomorphie als Permutationsgruppen *6*

   2.5 Semiregulär und regulär *6*

3. Darstellung 7

   3.1 Listenschreibweise *7*

   3.2 Zykelschreibweise *7*

   3.3 Permutationsmatrizen *8*

   3.4 Darstellung durch Transpositionen *10*

4. Fazit 12

Literaturverzeichnis III

Quellenverzeichnis IV

Abbildungsverzeichnis

Abbildung 1: Beispiel Permutation anhand des Hütchenzockerspiel _____ 4

Abbildung 2: Listenschreibweise mit Beispiel _____ 7

Abbildung 3: Beispiel Zykelschreibweise _____ 8

Abbildung 4: Listenschreibweise Beispiel 7 _____ 9

Abbildung 5: Beispiel 8 Transpositionen_____ 10

1. Einleitung

Im Rahmen der Vorlesung „Einführung in die Algebra" (MAT233#01) werden Grundlagen der Algebra erarbeitet. Unteranderen folgende Themen: algebraische Strukturen, Untergruppen, Faktorgruppen, Nebenklassen und Normalteiler. Sowie der Homomorphiesatz für Gruppen und Operationen von Gruppen auf Mengen. Neben diesen Themen werden auch Permutationen und Permutationsgruppen näher beleuchtet.

Mit dieser Arbeit soll ein Einblick in die Materie der Permutationsgruppen und der verschiedenen Darstellungsmöglichkeiten gegeben werden. Mit dessen Hilfe Studierende und Interessenten ihr Wissen über Permutationsgruppen erweitern bzw. verbessern können und günstige Darstellungsmethoden kennenlernen sollen. Diese sollen an bestimmten Beispielen verdeutlicht werden.

2. Definitionen

2.1 Allgemein

Eine Gruppe setzt sich aus einer Menge G und einer Operation zusammen, welche je zwei Elemente aus G wieder ein Element aus G zuordnet, sodass diejenige Operation assoziativ ist, dass es ein neutrales Element gibt und dass zu jedem Element aus G ein inverses Element gehört (vgl. Beutelspacher und Zschiegner 2014: 70). Die Permutation ist eine Abbildung von Objekten in einer bestimmten Reihenfolge. Die Elemente einer Menge werden dabei permutiert (vgl. Kreh und Modler 2014: 346).

Beispiel 1: Für die Zahlen *1, 2, 3* ergeben sich die sechs Permutationen *123, 132, 213, 231, 312, 321* (vgl. Bahr: 2008).

Beispiel 2:

Beispiel: Betrachte die Menge der ersten drei natürlichen Zahlen $M_3 := \{1, 2, 3\}$ oder zum Beispiel drei farbige Hütchen aus dem Hütchenzockerspiel.

Man überlege sich, wieviele Möglichkeiten gibt es, diese drei Elemente (Hütchen) miteinander durchzutauschen?

1. Möglichkeit: $1, 2, 3 \Rightarrow 1, 2, 3$: Die Anordnung bleibt gleich.
2. Möglichkeit: $1, 2, 3 \Rightarrow 2, 1, 3$: Das erste Element wird mit dem zweiten vertauscht.
3. Möglichkeit: $1, 2, 3 \Rightarrow 3, 2, 1$: Das erste Element wird mit dem letzten vertauscht.
4. Möglichkeit: $1, 2, 3 \Rightarrow 1, 3, 2$: Das zweite Element wird mit dem letzten vertauscht.
5. Möglichkeit: $1, 2, 3 \Rightarrow 3, 1, 2$: kompletter Vorwärtstausch $1 \Rightarrow 2 \Rightarrow 3 \Rightarrow 1$
6. Möglichkeit: $1, 2, 3 \Rightarrow 2, 3, 1$: kompl. Rückwärtstausch $1 \Rightarrow 2 \Rightarrow 3 \Rightarrow 1$

Abbildung 1: Beispiel Permutation anhand des Hütchenzockerspiel (Kraußhar 2020b: 2)

Eine Gruppe von Permutationen von einer endlichen Menge M, mit der Hintereinanderschaltung der Gruppenverknüpfung, nennt man, nach der Gruppentheorie, eine Permutationsgruppe. Die symmetrische Gruppe von M $(S(M))$, ist die Gruppe, welche alle Permutationen von M beinhaltet. Damit bilden die Permutationsgruppen in diesem Sinne die Untergruppen der symmetrischen Gruppen (vgl. Bahr: 2008).

Beispiel 3: Eine Permutation kann als Hintereinanderausführung von Transpositionen beschrieben werden. $231 = T_{13}T_{12}123 = T_{13}213 = 231$ (vgl. Bahr: 2008).

Gilt $M = \{1,2, \ldots, n\}$ $(n \in \mathbb{N})$, wird dementsprechend für die Menge der Permutationen auch die Schreibweise S_n verwendet und einfach symmetrische Gruppe genannt (vgl. Kreh und Modler 2014: 346).

Laut dem Satz von Cayley ist jede endliche Gruppe zu einer Permutationsgruppe, also zu einer Untergruppe der symmetrischen Gruppe, isomorph. Dementsprechend bedeutet das, dass jede endliche Gruppe eine Permutationsgruppe ist (vgl. Löh 2017).

2.2 Definition durch eine Gruppenoperation

Es sei *(G, *)* eine Gruppe mit dem neutralen Element e. Dann operiert G exakt dann als Permutationsgruppe auf M, sofern gilt:

1. M ist eine endliche Menge.

2. G operiert auf M, sodass eine Abbildung $G \times M \to M$, *(g, m)* $\mapsto$ $g \circ m \in M$ existiert, welche die Regeln $e \circ m = m, (g \cdot h) \circ m = g \circ (h \circ m)$ für alle $m \in M$; $g, h \in G$ befolgt.

3. Die Operation $\circ$ ist treu, das bedeutet, es gilt:

   $g \circ m = h \circ m$ für alle $m \in M$, daraus folgt $g = h$. Oder es gilt ebenfalls: $g \circ m = m$ für alle $m \in M$, hieraus folgt $g = e$.

Erfüllt eine Gruppenoperation nur die Bedingungen 2. und 3., wird diese als treu bezeichnet. Damit operiert G genau dann als Permutationsgruppe auf M, wenn die Operation nicht nur treu, sondern M auch endlich ist. Eine Gruppenoperation, welche nur die Bedingung 1. und 2. erfüllt, wird als Permutationsdarstellung von G angeführt. Somit operiert G exakt dann als eine Permutationsgruppe auf M, sobald die Gruppenoperation eine treue Permutationsdarstellung darstellt (vgl. Artin 1993).

2.3 Definition durch einen Gruppenhomomorphismus

Ist M eine endliche Menge und existiert ein injektiver Gruppenhomomorphismus ϕ : $G \to S(M)$, operiert G als Permutationsgruppe auf M. Dabei sei $S(M) = \{\alpha \in M^M : \alpha \ ist \ bijektiv\}$ dementsprechend die Menge aller bijektiven Selbstabbildungen der Menge M (vgl. Warlich 2006: 142).

Das bedeutet, dass jedem Element aus der Menge M wird ein Element von M folgendermaßen zugeordnet, dass keine zwei Elemente das gleiche Bild aufweisen (vgl. Beutelspacher und Zschiegner 2014: 69).

Die Operation $\circ$ ergibt sich aus $g \circ m = (\phi(g))(m)$. Der Anspruch der Injektivität ist gleichwertig zu der Forderung, dass die Operation treu sei. Anschließend ist zu beachten, dass neben den vorangegangenen Definitionen für eine Permutationsgruppe nicht gesondert gefordert werden muss, dass die Gruppe G endlich sei. Dies ergibt sich aus der Endlichkeit von M (vgl. Kreh und Modler 2014: 347).

2.4 Isomorphie als Permutationsgruppen

Gegeben seien zwei Gruppen G und H, welche auf zwei endlichen Mengen M und N als Permutationsgruppen operieren. Für diese beiden Gruppen wird eine Verschärfung des Isomorphiebegriffs definiert (vgl. Kreh und Modler 2014: 87).

Ein Isomorphismus ist ein bijektiver Homomorphismus. Besteht ein Isomorphismus zwischen A und B, wobei A und B dieselbe algebraische Struktur seien, so heißen A und B isomorph: $A \cong B$ (vgl. Kreh und Modler 2014: 87 f.).

Die Gruppen G und H heißen isomorph als Permutationsgruppe exakt dann, sobald ein Gruppenisomorphismus $\sigma : G \to H$ sowie eine Bijektion $\psi : M \to N$ existiert, so dass $\psi : (g \circ m) = (\sigma(g)) \circ \psi(m)$ für alle $g \in G, m \in M$ gilt (vgl. Löh 2017).

Sind die durch die Gruppenoperationen bestimmten Bildgruppen, von G und H $\phi_1(G), \phi_2(H) < S_n$, in der symmetrischen Gruppe S_n konjugierte Untergruppen, das heißt, sobald sie durch Konjugation mit einem festen Gruppenelement aufeinander abgebildet werden können. Damit kann gezeigt werden, dass die zwei Gruppen G und H, welche auf derselben Menge $M = N = \{1,2,\ldots,n\}$ treu operieren, als Permutationsgruppe isomorph sind (vgl. Löh 2017).

2.5 Semiregulär und regulär

Sobald G auf M als Permutationsgruppe operiert, so wird diese Operation exakt dann semiregulär und G eine semireguläre Permutationsgruppe genannt, sobald das einzige Element von G, welches irgendein Element von M fixiert, das Einselement von G ist: $(\exists m \in M : g \circ = m) \Rightarrow g = e$ (vgl. Junker 2002).

Sei die Operation semiregulär und transitiv, so heißt die Operation regulär und G wird eine reguläre Permutationsgruppe auf M genannt. Kann jedes Element von M durch die Operation auf irgendein wahlloses Element von M abgebildet werden, so wird die Operation als transitiv bezeichnet: $\forall m, n \in M \, \exists g \in G : g \circ m = n$ (vgl. Junker 2002).

3. Darstellung

3.1 Listenschreibweise

Bei der Listenschreibweise werden die Elemente der Menge, demzufolge die Zahlen von *1* bis *n*, in die obere Zeile einer Tabelle und das Bild unter der Permutation σ direkt daruntergeschrieben (vgl. Kreh und Modler 2014: S. 346).

$$
\begin{array}{cccc}
1 & 2 & \cdots & n-1 & n \\
\hline
\sigma(1) & \sigma(2) & \cdots & \sigma(n-1) & \sigma(n)
\end{array}
\qquad
\begin{array}{ccccc}
1 & 2 & 3 & 4 & 5 \\
\hline
1 & 3 & 2 & 5 & 4
\end{array}
$$

Abbildung 2: Listenschreibweise mit Beispiel *(vgl. Kreh und Modler 2014: 346)*

Dieses Permutationsbeispiel vertauscht jeweils die Elemente 2 und 3 sowie 4 und 5 und lässt dabei die 1 feststehen (vgl. Kreh und Modler 2014: 346).

3.2 Zykelschreibweise

Bei der Zykelschreibweise werden die Bilder eines Elements hintereinandergeschrieben: $(1\ \sigma(1)\ \ldots \sigma^k(1))$. Dies wird solange ausgeführt, bis das erste Element wieder erreicht ist. Dabei kann es jedoch vorkommen, dass nicht alle Elemente aus der 1 erzeugt werden können. Dann wird direkt dahinter noch einmal dasselbe, mit dem Element, das nicht erzeugt werden konnte, geschrieben. Es gilt zu beachten, dass immer mit dem kleinsten Element begonnen wird (vgl. Kreh und Modler 2014: 346 f.).

Beispiel 4: Für die Erläuterung der Zykelschreibweise wird die Permutation aus Abb. 1 verwendet. Diese Permutation lässt die *1* fest, somit ist die erste Klammer einfach nur die *(1)*. Nun wird die *2* erzeugt, aus der Abbildung ergibt sich, dass die *2* auf die *3* abgebildet wird und die *3* wieder auf die *2*. Somit ist die zweite Klammer *(2 3)*. Ebenso ergibt sich für die dritte Klammer die Schreibweise *(4 5)*. Daher ist die gesamte Permutation gegeben durch *(1) (2 3) (4 5)*. Da es jedoch unnötig ist, Klammern zu schreiben, in denen nur ein Element vorhanden ist und mit diesem bei der Permutation nichts passiert, kann diese Klammer und das Element weggelassen werden.

Folglich kann auch, für die Permutation in. Abb. 1, *(2 3) (4 5)* geschrieben werden (vgl. Kreh und Modler 2014: 346 f.).

Bei der Zykelschreibweise ist es wichtig zu wissen, auf welche Menge die Permutation wirkt. Die Permutation in Beispiel 3 befindet sich im S_5. Aufgrund der verkürzten Schreibweise könnte die obige Permutation auch in S_6, wenn die 1 festgelassen wird und sie deshalb nicht aufgezählt wird, oder in S_7 oder .... sein. Daraus folgt, dass in der Zykelschreibweise immer die Gruppe S_n, in der sich die Elemente befinden, mit angegeben werden muss (vgl. Kreh und Modler 2014: 346 f.).

Beispiel 5:

Abbildung 3: Beispiel Zykelschreibweise *(vgl. Kraußhar 2020a: 18)*

3.3 Permutationsmatrizen

Dabei werden $\begin{pmatrix} 1 \\ 2 \\ \vdots \\ n-1 \\ n \end{pmatrix}$ und $\begin{pmatrix} \sigma 1 \\ \sigma 2 \\ \vdots \\ \sigma(n-1) \\ \sigma(n) \end{pmatrix}$ als Vektoren aufgefasst. Zu diesen Vektoren wird

eine Matrix A gesucht, für welche gilt $A \cdot \begin{pmatrix} 1 \\ 2 \\ \vdots \\ n-1 \\ n \end{pmatrix} = \begin{pmatrix} \sigma 1 \\ \sigma 2 \\ \vdots \\ \sigma(n-1) \\ \sigma(n) \end{pmatrix}$. Da eine Permutation die

Elemente bloß vertauscht, stehen in jeder Zeile und Spalte der Matrix A exakt eine *1* und sonst nur *0* (vgl. Kreh und Modler 2014: 347).

Beispiel 6: Betrachtet wird die Permutation *(2 3) (4 5) im* S_5. Diese Permutation soll als Matrix dargestellt werden. Dafür werden die Regeln der Matrizenmultiplikation angewandt. Somit wird die Matrix A erzeugt:

$$A = \begin{pmatrix} 1\,0\,0\,0\,0 \\ 0\,0\,1\,0\,0 \\ 0\,1\,0\,0\,0 \\ 0\,0\,0\,0\,1 \\ 0\,0\,0\,1\,0 \end{pmatrix}$$ (vgl. Kreh und Modler 2014: 347).

Abschließend soll ein Permutationsmatrix von S_4 betrachtet werden. Diese soll in Zykelschreibweise und Listenschreibweise überführt werden (vgl. Kreh und Modler 2014: 347).

Beispiel 7: Gegeben ist eine Permutationsmatrix von S_4: $P = \begin{pmatrix} 0\,1\,0\,0 \\ 0\,0\,1\,0 \\ 0\,0\,0\,1 \\ 1\,0\,0\,0 \end{pmatrix}$.

Als erster Schritt wird betrachtet, was passiert, wenn $P \cdot (1,2,3,4)^T$ berech-

net wird. Darauf folgt, $P \cdot \begin{pmatrix} 1 \\ 2 \\ 3 \\ 4 \end{pmatrix} = \begin{pmatrix} 0\,1\,0\,0 \\ 0\,0\,1\,0 \\ 0\,0\,0\,1 \\ 1\,0\,0\,0 \end{pmatrix} \cdot \begin{pmatrix} 1 \\ 2 \\ 3 \\ 4 \end{pmatrix} = \begin{pmatrix} 2 \\ 3 \\ 4 \\ 1 \end{pmatrix}$. Aus dieser

Matrizenmultiplikation ergibt sich auch die Listenschreibweise, welche aus dem Ergebnisvektor abgelesen werden kann.

1	2	3	4
2	3	4	1

Abbildung 4: Listenschreibweise Beispiel 7 *(vgl. Kreh und Modler 2014: 348)*

Aus der Listenschreibweise kann folglich leicht die Zykelschreibweise erfolgen *(1 2 3 4)*, denn die *1* wird auf die *2* abgebildet, die *2* auf die *3*, die *3* auf die *4* und diese wieder auf die *1* (vgl. Kreh und Modler 2014: 348).

9

3.4 Darstellung durch Transpositionen

Transpositionen stellen Permutationen dar, bei denen nur zwei Elemente i und j vertauscht werden: $\tau = \begin{pmatrix} 1 & 2 & \cdots & i & \cdots & j & \cdots & n \\ 1 & 2 & \cdots & i & \cdots & j & \cdots & n \end{pmatrix}$. Eine kürzere Schreibweise, welche das Gleiche ausdrücken soll, ist $\tau = (i\,j)$ (vgl. Ableitinger und Herrmann 2013: 128).

Sei $\sigma \in S_n$, ohne Beschränkung der Allgemeinheit, nicht die Identität, so gibt es ein $k_1 \in \{1, \cdots, n\}$ mit $\sigma(i) = i, \forall i < k_1$ und $\sigma(k_1) > k_1$. Wird $\tau_1 := \big(k_1\,\sigma(k_1)\big)$ und $\sigma_1 := \tau_1 \circ \sigma$ gesetzt. Dann gilt $\sigma_1(i) = i \; \forall i < k_1 + 1$. Dies kann vielleicht auch für mehrere gelten, sodass es eventuell ein k_2 mit $\sigma_1(i) = i \; \forall i < k_2$ und $\sigma(k_2) > k_2$ gibt. Sollte dies so sein, wird $\tau_2 = (k_2\,\sigma(k_2))$ und $\sigma_2 := \tau_2 \circ \sigma_1$ gesetzt. Dasselbe wird solange fortgeführt, bis $\sigma_k = Id$ gilt. Da jede Permutation nur n Einträge besitzt, wird dieses Verfahren nach endlich vielen Schritten zum Ende führen. Letztendlich gilt dann, $\sigma_k = \tau_k \circ \cdots \circ \tau_1 \circ \sigma \Rightarrow \sigma = \tau_1 \circ \cdots \circ \tau_k$ (vgl. Kreh und Modler2014: 344).

Beispiel 8:

Aufgabe 8.8 Schreiben Sie die Permutationen

$$\sigma_1 := \begin{pmatrix} 1 & 2 & 3 & 4 \\ 3 & 2 & 1 & 4 \end{pmatrix},$$

$$\sigma_2 := \begin{pmatrix} 1 & 2 & 3 & 4 \\ 4 & 3 & 2 & 1 \end{pmatrix},$$

$$\sigma_3 := \begin{pmatrix} 1 & 2 & 3 & 4 \\ 2 & 3 & 4 & 1 \end{pmatrix}$$

als Produkte von Transpositionen!

Abbildung 5: Beispiel 8 Transpositionen *(vgl. Ableitinger und Herrmann 2013: 128)*

Um eine Permutation als ein Produkt von Transpositionen zu schreiben, lohnt es sich, zunächst die Permutationen etwas genauer zu betrachten. Denn besteht ein Gespür dafür, wie die Permutation abbildet, kann möglicherweise schon eine geeignete Transposition gefunden werden. σ_1 vertauscht 1 und 3 miteinander, 2 und 4 werden auf sich selbst abgebildet. Demnach ist σ_1 selbst eine Transposition. Somit ist $\sigma_1 = (1\,3)$ schon als ein Produkt von Transpositionen dargestellt. Das Produkt hat nur einen Faktor (vgl. Ableitinger und Herrmann 2013: 128).

σ_2 vertauscht offensichtlich 1 und 4, 2 und 3 miteinander. Deshalb kann diese Permutation, recht leicht, als Produkt der beiden folgenden Transpositionen geschrieben werden: $\sigma_2 = \begin{pmatrix} 1 & 2 & 3 & 4 \\ 4 & 3 & 2 & 1 \end{pmatrix} = \begin{pmatrix} 1 & 2 & 3 & 4 \\ 1 & 3 & 2 & 4 \end{pmatrix} \cdot \begin{pmatrix} 1 & 2 & 3 & 4 \\ 4 & 2 & 3 & 1 \end{pmatrix} = (2\,3) \cdot (1\,4)$ (vgl. Ableitinger und Herrmann 2013: 128).

Für die Permutation σ_3 ist das nun nicht mehr so einfach, denn hierbei werden nicht jeweils nur zwei Elemente vertauscht. Hierfür muss eine andere Taktik überlegt werden. Zunächst wird eine Transposition aufgestellt, welche die 1 auf das gewünschte Element abbildet, hier die 2. Dadurch wird die Transposition schon festgelegt. Denn soll die 1 auf die 2 abgebildet werden, folgt daraus, dass 2 auch auf 1 abgebildet wird und 3 und 4 jeweils auf sich selber: $\tau_1 := \begin{pmatrix} 1 & 2 & 3 & 4 \\ 2 & 1 & 3 & 4 \end{pmatrix} = (1\ 2)$. Werden diese Transpositionen miteinander verkettet, soll 1 insgesamt weiterhin auf 2 abgebildet werden. Das bedeutet, dass 2 von der neuen Transposition auf sich selbst abgebildet werden muss: $\tau_2 = \begin{pmatrix} 1 & 2 & 3 & 4 \\ & 2 & & \end{pmatrix}$. Weiterführend soll bei σ_3 soll 2 auf 3 abgebildet werden. Von τ_1 wird 2 auf 1 abgebildet, daher muss nun 1 auf 3 gehen, sodass bei der Verkettung insgesamt 2 auf 3 abgebildet wird. Daraus ergibt sich für $\tau_2 := \begin{pmatrix} 1 & 2 & 3 & 4 \\ 3 & 2 & 1 & 4 \end{pmatrix} = (1\ 3)$. Da $\sigma_3 = \tau_2 \cdot \tau_1$ noch nicht gilt, denn durch $\tau_2 \cdot \tau_1$ wird 1 auf 2 und 2 auf 3 abgebildet, das passt. Aber 3 wird auf 1 abgebildet, sie soll aber auf 4 abgebildet werden. Das bedeutet, es wird noch eine weitere Transposition benötigt. Die dritte Transposition muss demnach 1 auf 4 abbilden: $\tau_3 := \begin{pmatrix} 1 & 2 & 3 & 4 \\ 4 & 2 & 3 & 1 \end{pmatrix} = (1\ 4)$. Somit gilt nun tatsächlich $\sigma_3 = \tau_3 \cdot \tau_2 \cdot \tau_1$ (vgl. Ableitinger und Herrmann 2013: 128 f.).

4. Fazit

Diese Arbeit zeigt, dass Permutationsgruppen auf verschiedene Art und Weise definiert werden können. Des weiteren bestehen für den Lehrbetrieb verschiedene Möglichkeiten für die Darstellung der Permutationsgruppen, sodass Studierende, die ihnen besser liegende Methode wählen und weiter vermitteln können. Des weiteren zeigt sich in dieser Arbeit, dass die verschiedene Darstellungen auch sehr gut miteinander verknüpft werden können. Permutationen und auch Permutationsgruppen sind in unseren Alltag integriert, auch wenn uns dies nicht immer sofort deutlich wird. Zu sehen in Beispiel 2.

Literaturverzeichnis

Ableitinger, Christoph; Herrmann, Angela (2013): *Lernen aus Musterlösungen zur Analysis und Linearen Algebra*, 2. Aufl., Wiesbaden: Springer – Verlag.

Artin, Michael (1993); *Algebra*, ohne Auflage, Basel u.a.: Birkhäuser

Beutelspacher, Albrecht; Zschiegner, Marc-Alexander (2014): *Diskrete Mathematik für Einsteiger*, 5. Aufl., Wiesbaden: Springer - Verlag.

Kraußhar, Sören (2020a): *Skript Algebraische Strukturen: Grundlagen der Algebra*.

Kraußhar, Sören (2020b): *3. Tutorial zu „Einführung in die Algebra"*.

Kreh, Martin; Modler, Florian (2014): *Tutorium Analysis 1 und Lineare Algebra 1*, 3. Aufl., Berlin/ Heidelberg: Springer - Verlag.

Warlich, Lutz (2006): Grundlagen der Mathematik für Studium und Lehramt, 2. Aufl., Koblenz: AULA-Verlag GmbH.

Quellenverzeichnis

Bahr, Felix (2008): Permutationsgruppe, [online]

    https://www.uni-muenster.de/Physik.TP/archive/typo3/fileadmin/lehre/teil-chen/ss08/Permutationsgruppe.pdf [05.08.2020]

Junker, Markus (2002): Gruppentheorie, [online]

    http://home.mathematik.uni-freiburg.de/junker/skripte/gruppentheorie.pdf [06.08.2020]

Löh, Clara (2017): Algebra, [online]

    http://www.mathematik.uni-regensburg.de/loeh/teaching/algebra_ws1718/lecture_notes.pdf [07.08.2020]